"十四五"时期国家重点出版物出版专项规划项目

◄农业科普丛书►

黄腐酸漫谈

黄腐酸——农业增产提质的重要支撑

刘家磊 主编

 中国农业科学技术出版社

图书在版编目（CIP）数据

黄腐酸漫谈 / 刘家磊主编. -- 北京 : 中国农业科学技术
出版社，2024. 6. -- ISBN 978-7-5116-6901-8

Ⅰ. S153.6

中国国家版本馆 CIP 数据核字第 2024EW4976 号

责任编辑 穆玉红
责任校对 马广洋
责任印制 姜义伟　王思文

出 版 者　中国农业科学技术出版社
　　　　　北京市中关村南大街 12 号　　邮编：100081
电　　话　（010）82106626（编辑室）（010）82109702（发行部）
　　　　　（010）82109709（读者服务部）
网　　址　https:// castp.caas.cn
经 销 者　各地新华书店
印 刷 者　北京科信印刷有限公司
开　　本　210 mm×210 mm　1/20
印　　张　7.75
字　　数　160 千字
版　　次　2024 年 6 月第 1 版　2024 年 6 月第 1 次印刷
定　　价　65.00 元

编 委 会

序

    黄腐酸是腐殖酸中分子量小、生物活性高的功能组分，系腐殖酸中的精华。因其较小的分子量和较多的官能团含量，黄腐酸具有良好的水溶性，易于被植物吸收利用。黄腐酸能促进植物生长，显著提高植物的抗逆能力，对增强植物抗旱能力有重要作用，是植物生长的维生素。黄腐酸的大面积推广应用对提升我国粮食产量和改善作物品质具有重要意义。

    黄腐酸在提升肥效方面作用明显，具有活化土壤、提肥保墒、消减板结、促进生长、增强抗逆、提质降本、施用方便、绿色环保等特点。植物源黄腐酸生产工艺成熟，在为农业生产提供了稳定的黄腐酸来源的同时，也使黄腐酸的生产成本进一步降低，更易于被农业生产者所接受。该类产品的大面积推广将为我国农业绿色高质量发展提供有力支撑。

中国工程院　院士

前　言

随着生活水平和生活质量的不断提高，人们对绿色农产品的需求日益增加。在农业生产中，我国每年化肥使用量超过 5000 万吨，化肥施用在很大程度上促进了作物增产，但长时间、大剂量的施用不仅导致农产品质量下降，也造成了土壤养分流失、耕地质量下降、水体富营养化等诸多环境问题，因此，化肥的减量和被替代将成为我国农业可持续发展的重要方向。

黄腐酸有机肥在促进植物生长、提高植物抗逆能力、提升肥料利用效率、促进作物增产和品质提升方面作用显著，因此，黄腐酸有机肥的合理施用将会成为支撑农业可持续发展的重要技术手段之一。黄腐酸分为矿源黄腐酸和植物源黄腐酸。矿源黄腐酸分布于土壤、江河湖泊和煤矿之中，该类黄腐酸的形成过程与煤炭类似，由古代植物残骸经泥炭化作用或腐泥化作用而来，属于不可再生资源，且提取分离成本相对较高；植物源黄腐酸以秸秆为原料，可借助于现代生物技术，实现工业化生产，使黄腐酸成为原料有保障、价格可控的可再生资源，有利于黄腐酸类产品在农业领域的大面积推广。

植物源黄腐酸内营养物质种类较为丰富，除含有多酚类物质外，还含有纤维寡糖、秸秆肽等功能性物质，多种功能物质的复合效应使得植物源黄腐酸能从更多角度助力农业健康发展。多酚类活性物质可以促进植物的光合作用提升，作物的叶绿素含量可以提升 30% 以上；纤维寡糖作为微生物的营养来源，能促进土壤微生物的快速繁殖，提升土壤肥力；秸秆肽类物质能够提升作物的免疫能力和抗病能力，可有效减少农药的投入量。使用植物源黄腐酸后多数作物在生长过程中达到了"深一色、高一头"的良好长势，所种果蔬在品质上更是表现出了"汁多味浓，果香四溢"的效果。

目录

一

有机肥的缺失
及其带来的环境问题

耕地质量下降

耕地质量变差

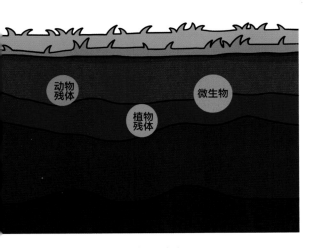

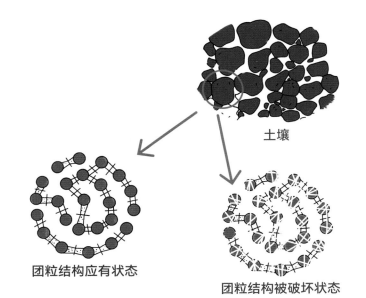

土壤

团粒结构应有状态

团粒结构被破坏状态

土壤有机物质减少

土壤养分失衡

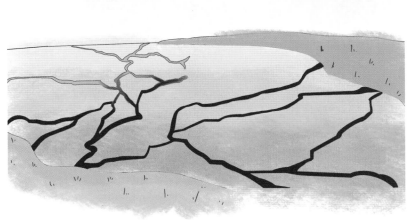

土壤板结和龟裂

土壤沙化

黑土地退化

农作物产量与质量受影响

土壤缓冲能力差，遇极端天气易造成减产或绝收

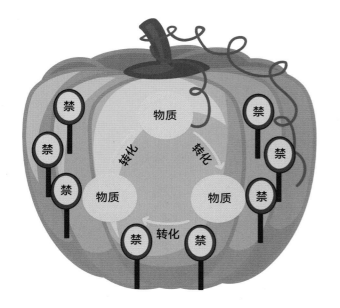

农产品品质下降

化肥的迁移对水体产生影响

水体富营养化，导致藻类等水生植物生长过多，出现鱼虾死亡现象

河流污水向湖泊、地下水扩散，影响到人类饮水安全

人体免疫力下降，降低对疾病的抵抗力。

免疫力下降

化肥挥发对大气环境产生影响

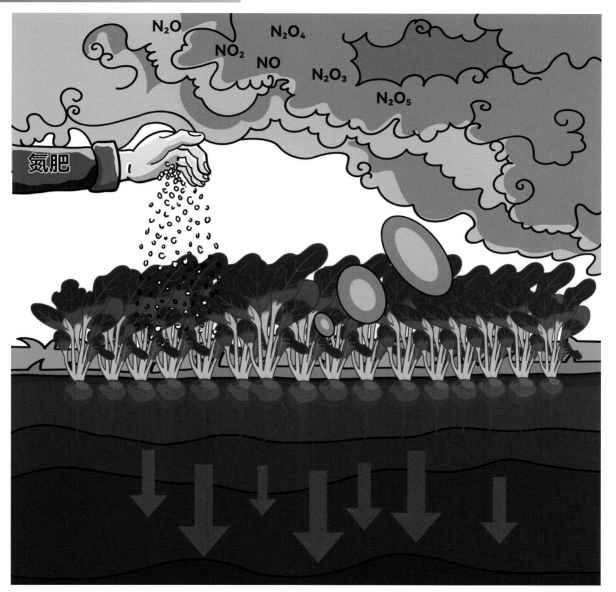

一部分会直接从土壤表面挥发成气体进入大气，还有一部分以有机或无机氮形态进入土壤，通过大气循环进入大气，造成大气中氮氧化物含量增加。

二
黄腐酸

黄腐酸的结构与转化过程

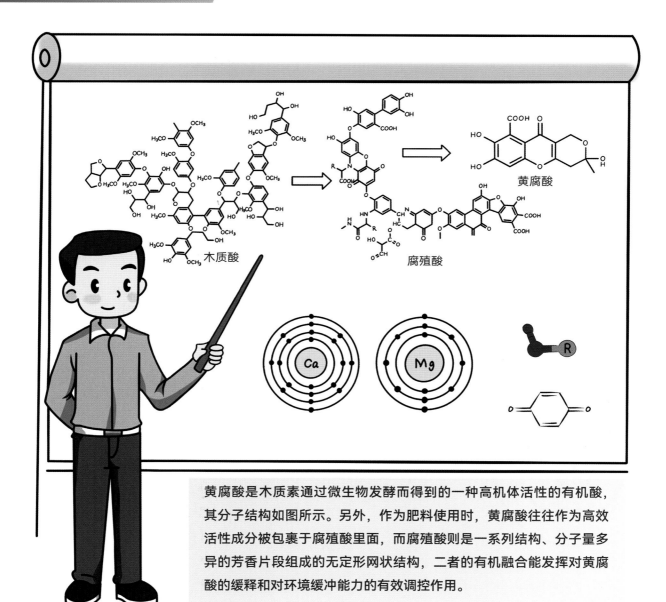

木质酸

腐殖酸

黄腐酸

黄腐酸是木质素通过微生物发酵而得到的一种高机体活性的有机酸，其分子结构如图所示。另外，作为肥料使用时，黄腐酸往往作为高效活性成分被包裹于腐殖酸里面，而腐殖酸则是一系列结构、分子量多异的芳香片段组成的无定形网状结构，二者的有机融合能发挥对黄腐酸的缓释和对环境缓冲能力的有效调控作用。

黄腐酸的元素构成

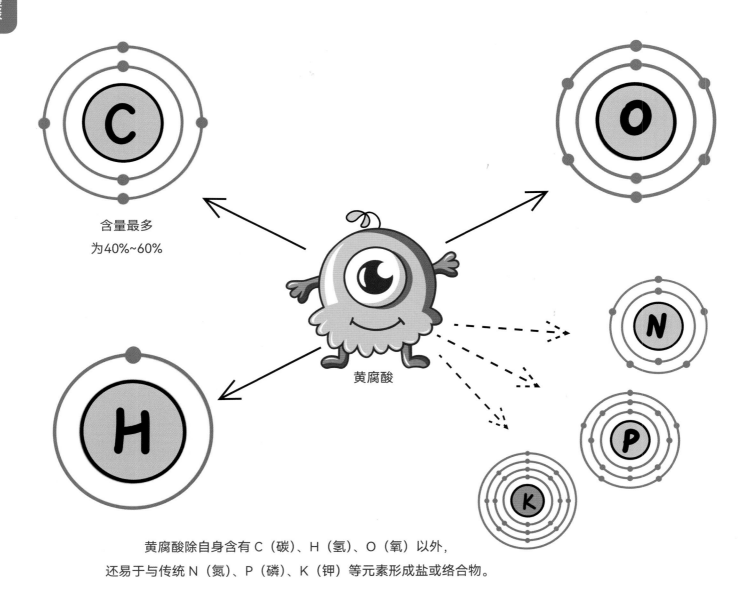

含量最多
为40%~60%

黄腐酸

黄腐酸除自身含有 C（碳）、H（氢）、O（氧）以外，
还易于与传统 N（氮）、P（磷）、K（钾）等元素形成盐或络合物。

黄腐酸的应用领域

广泛应用

工业

农业种植

畜牧水产养殖

医疗

保健美容

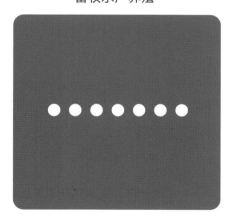

其他更多

黄腐酸的分类

矿源黄腐酸

植物源黄腐酸

动植物体在自然环境下长期转化而来

秸秆在工厂定向转化而来

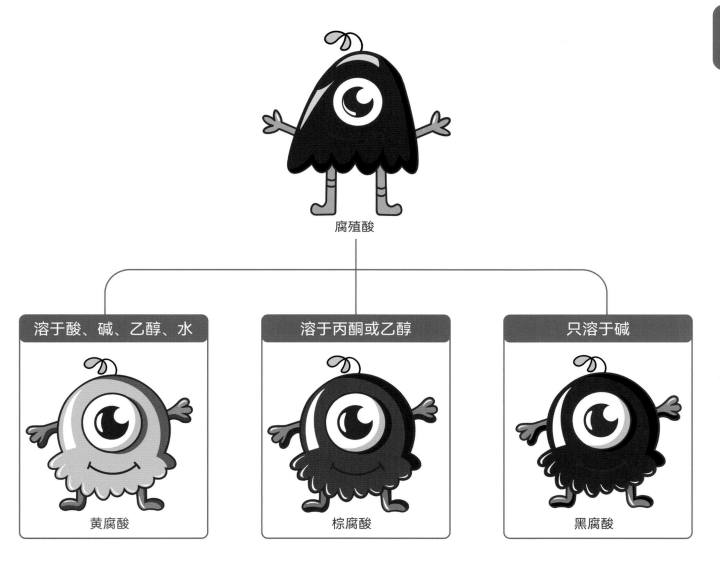

腐殖酸

溶于酸、碱、乙醇、水 — 黄腐酸

溶于丙酮或乙醇 — 棕腐酸

只溶于碱 — 黑腐酸

黄腐酸是腐殖酸中分子量较低、含氧官能团较多、水溶性最好的。

矿源黄腐酸

从泥炭、褐煤、风化煤中提取而来，广泛分布于土壤、江河湖泊、煤矿之中，土壤中总量大但丰度较低，在泥炭、褐煤、风化煤中丰度较高。

矿源黄腐酸的制取方法

用碱溶解煤

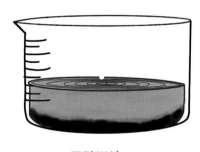

用酸沉淀

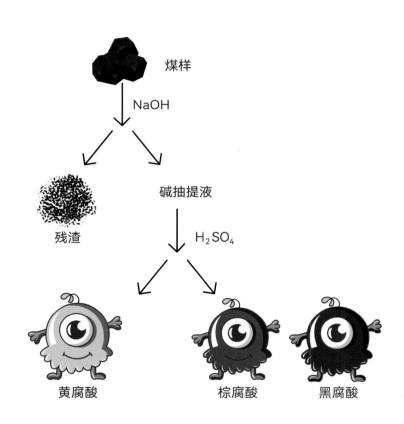

煤样

NaOH

残渣

碱抽提液

H₂SO₄

黄腐酸　　棕腐酸　　黑腐酸

碱溶酸沉法

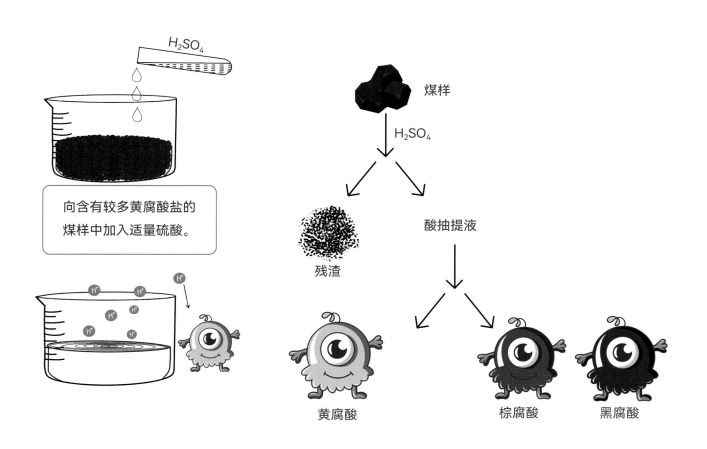

向含有较多黄腐酸盐的煤样中加入适量硫酸。

H_2SO_4

煤样

H_2SO_4

残渣

酸抽提液

黄腐酸　　棕腐酸　　黑腐酸

硫酸酸析法

植物源黄腐酸的制取方法

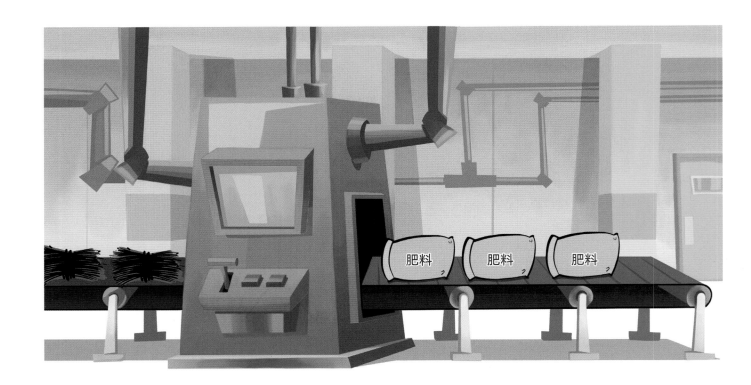

秸秆 —→ 工厂 —→ 肥料

由农业废弃物如作物秸秆或木屑、豆粕、蔗渣及一些辅助原料合理搭配，加入氮、磷、钾等元素，在温暖、潮湿的条件下，经黄腐酸生产菌种进行发酵、转化。经过固液分离，液体提取浓缩后成黄腐酸，固体干燥后成黄腐酸肥。

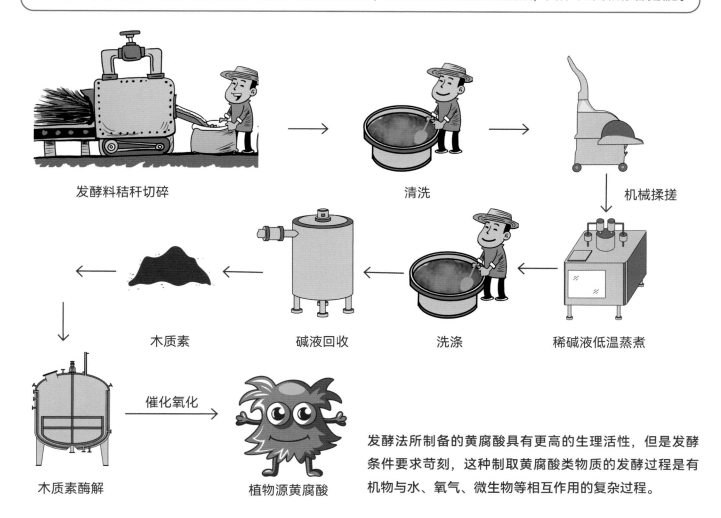

发酵料秸秆切碎

清洗

机械揉搓

木质素

碱液回收

洗涤

稀碱液低温蒸煮

木质素酶解

催化氧化

植物源黄腐酸

发酵法所制备的黄腐酸具有更高的生理活性，但是发酵条件要求苛刻，这种制取黄腐酸类物质的发酵过程是有机物与水、氧气、微生物等相互作用的复杂过程。

固态法

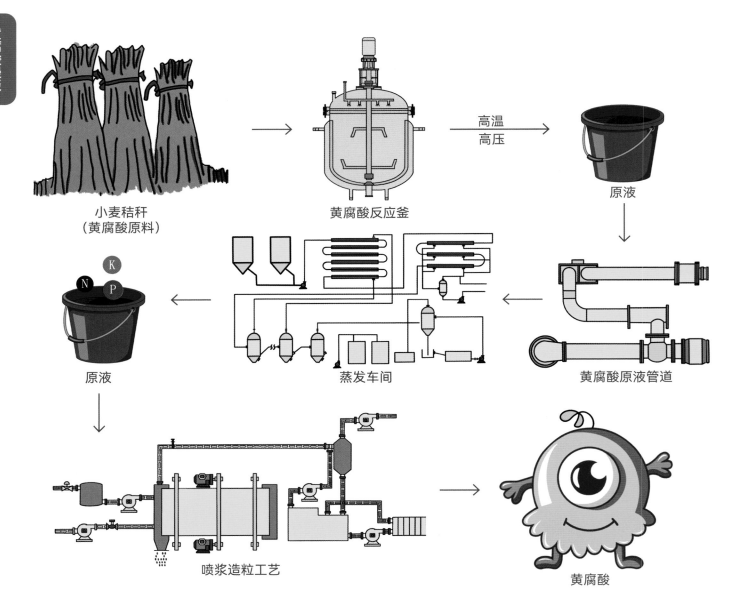

小麦秸秆
（黄腐酸原料）

黄腐酸反应釜

高温
高压

原液

原液

蒸发车间

黄腐酸原液管道

喷浆造粒工艺

黄腐酸

液态法

矿源黄腐酸与植物源黄腐酸

矿源黄腐酸特点

价格高、实际产业使用较少

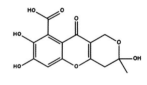

富里酸

国内生产厂家较常用的是碱溶酸沉法。原料来源属于不可再生资源，近年来其开采已受限制。

原料来源单一
（煤矿）

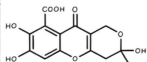

功能组分单一
（仅有黄腐酸）

肥效持久（腐殖酸的
微纳编织结构可实现
对黄腐酸的缓释）

不可再生

植物源黄腐酸特点

来源丰富

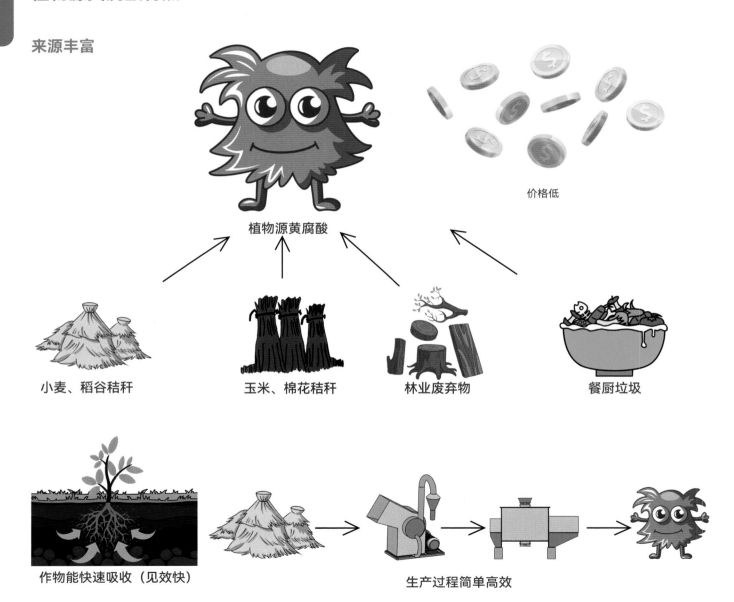

价格低

植物源黄腐酸

小麦、稻谷秸秆　　　玉米、棉花秸秆　　　林业废弃物　　　餐厨垃圾

作物能快速吸收（见效快）　　　生产过程简单高效

生产过程简单、高效

正是由于秸秆的结构组成与物化特性，近年来，以农作物秸秆为原料生产秸秆混合糖联产黄腐酸高效有机肥技术，使用混合糖为原料，利用特殊驯化的菌种结合生物发酵技术、提取纯化技术、合成聚合技术、精馏技术等加工生物材料和生物能源，使物料中可降解的有机物质转化为稳定的植物源黄腐酸。

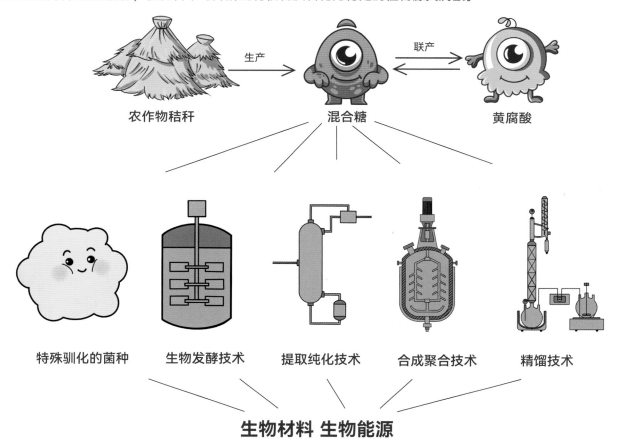

农作物秸秆　　　　生产 →　　混合糖　　联产 →　　黄腐酸

特殊驯化的菌种　　生物发酵技术　　提取纯化技术　　合成聚合技术　　精馏技术

生物材料 生物能源

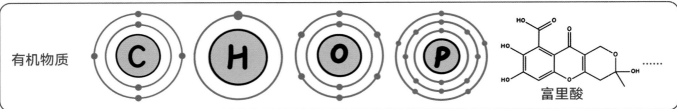

有机物质

富里酸

大分子物质

淀粉　蛋白质　天然橡胶　果胶　……

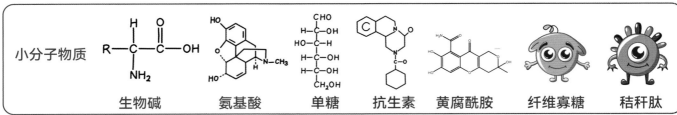

小分子物质

生物碱　氨基酸　单糖　抗生素　黄腐酰胺　纤维寡糖　秸秆肽

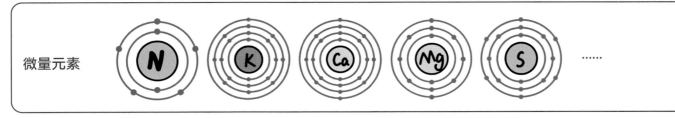

微量元素

……

28

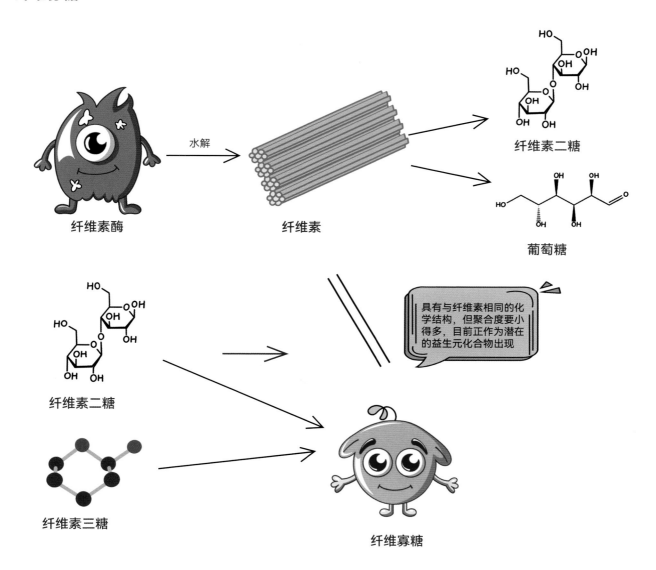

植物源黄腐酸中其他功能物质的介绍

纤维寡糖

纤维素酶 → 水解 → 纤维素 → 纤维素二糖

纤维素 → 葡萄糖

纤维素二糖 →

纤维素三糖 →

纤维寡糖

具有与纤维素相同的化学结构，但聚合度要小得多，目前正作为潜在的益生元化合物出现

纤维寡糖的功能

作为功能性寡糖的一种，纤维寡糖具有特殊的生理作用

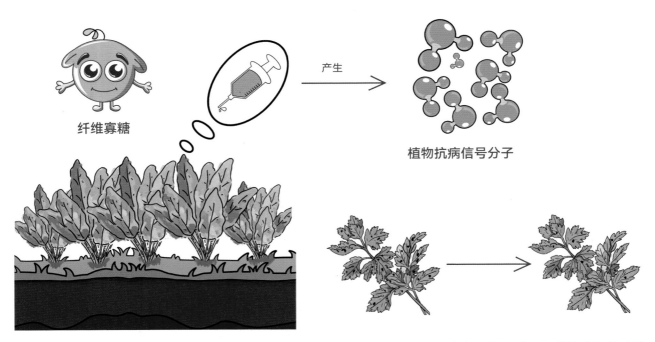

纤维寡糖

产生

植物抗病信号分子

纤维寡糖作为一种激发子更像一种"疫苗"

通过一系列的信号传导过程促进抗病相关酶的表达和次生代谢物的积累，从而提高植物对病原菌和病毒的抗性，降低植物病害的发生。

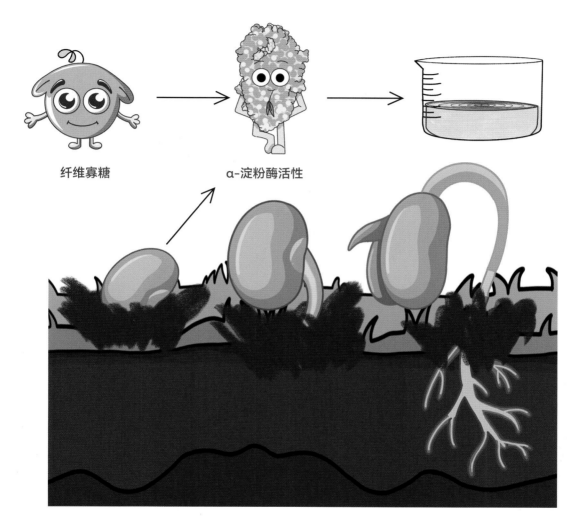

纤维寡糖

α-淀粉酶活性

纤维寡糖可增强种子萌发过程中胚乳的 α- 淀粉酶活性，加快胚乳淀粉水解过程，促进种子萌发，从而提高其发芽势和发芽率，此外还能提高幼苗叶片净光合速率、胞间 CO_2 浓度、气孔导度和蒸腾速率，加快植株幼苗生长。

纤维寡糖

纤维寡糖不仅能够调控植物的生长，同时还能增强植物的抗逆性。有研究表明，纤维寡糖能提高植物体内可溶性糖和游离脯氨酸含量，增强植物体内保护酶活性，并诱导植保素的合成及病程相关蛋白（如几丁质酶和 β-1，3- 葡聚糖酶及苯丙氨酸解氨酶）的表达，降低细胞膜的相对透性和丙二醛的含量，从而提高植物的抗逆性，且有明显的浓度效应。

秸秆肽

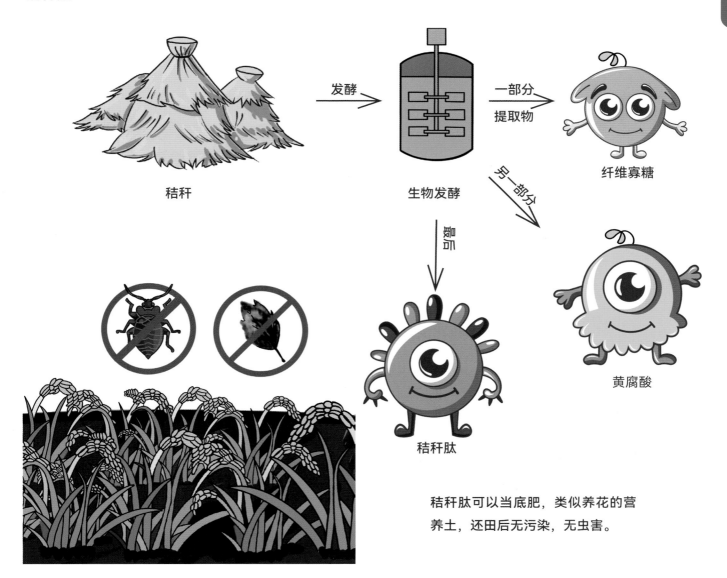

秸秆

发酵

生物发酵

一部分 提取物

纤维寡糖

另一部分

黄腐酸

最后

秸秆肽

秸秆肽可以当底肥，类似养花的营养土，还田后无污染，无虫害。

33

秸秆多肽有机肥的功能

秸秆多肽有机肥是一种高质量的生物有机肥料，是对秸秆中所含高价值有机质的一种利用方式。

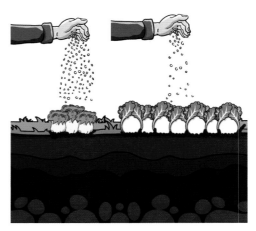

有利于土壤养分的补充，可以降低农作物的化肥使用量，同时还能提高农作物的品质和产量。

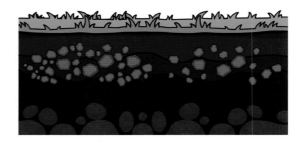

对土壤生态系统的环境保护作用明显，可以提高土壤酸碱度，缓解土壤板结。

黄腐酰胺

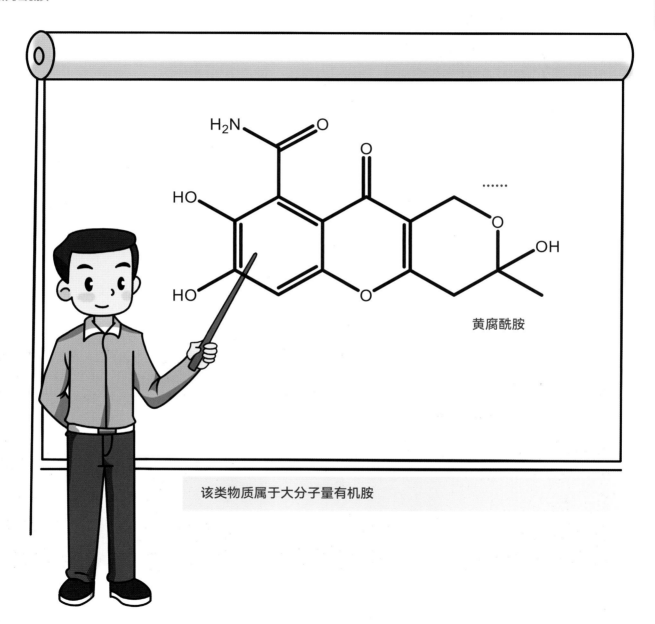

黄腐酰胺

该类物质属于大分子量有机胺

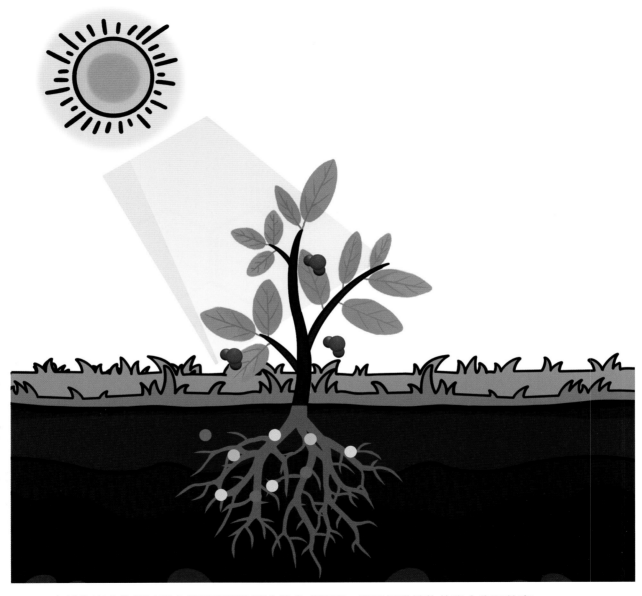

在植物光合作用过程中能提高植物蛋白的合成速度，进而提升植物的光合作用效率。

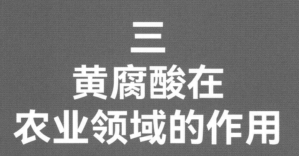

三
黄腐酸在
农业领域的作用

改良土壤

改善土壤的结构

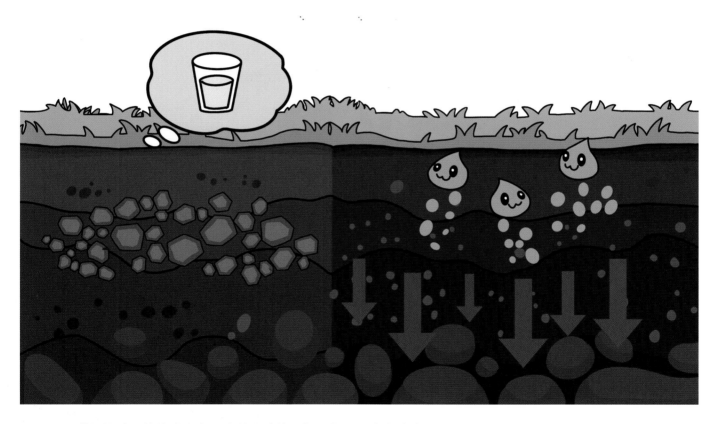

增加土壤颗粒的结合力，改善土壤的团粒结构，提高土壤的保水性和排水性，增加土壤水分容量。

调节土壤pH值，增加土壤的缓冲能力

能够加强土壤温度的调节能力

黄腐酸分子吸附能力强，具有弱酸性，含有羧基、羟基等官能团，能够与酸碱发生中和反应生成黄腐酸盐，对土壤 pH 值的变化起到缓冲作用，同时加强土壤对温度的调节能力。

促进营养元素转化，提高植物对养分和水分的利用效率

转化

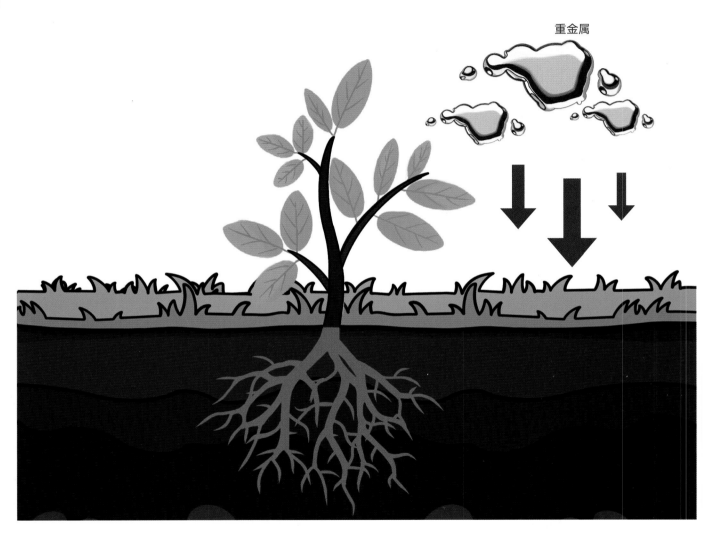

治理环境污染对土壤造成的破坏

降低重金属污染物对农作物的影响

重金属

羧基和酚羟基等多个结合位点能与重金属离子进行多种作用模式的络合，减缓重金属在土壤和植物体内的迁移。

降低有机污染物对农作物的影响

破坏有机污染物的化学结构，从而减少有机污染物的污染。

改善土壤微生物种群

黄腐酸可以作为微生物的营养和能量来源，促进土壤中有益微生物的繁殖和活动

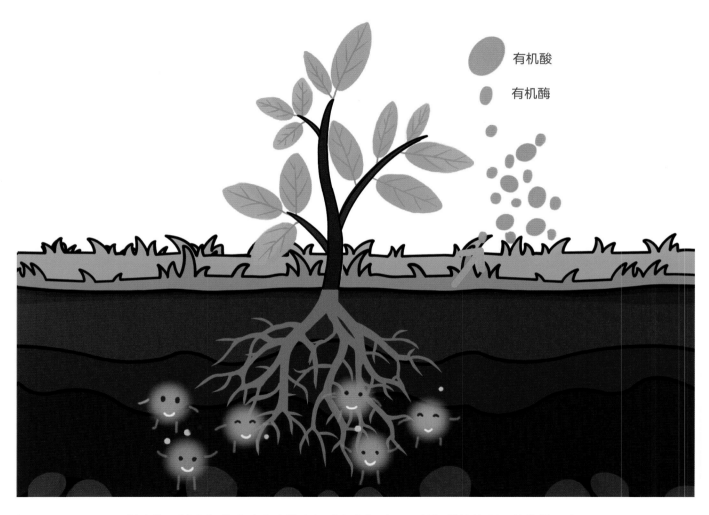

有机酸

有机酶

微生物通过分解黄腐酸产生的有机酸和有机酶，可以提供植物所需的营养元素。

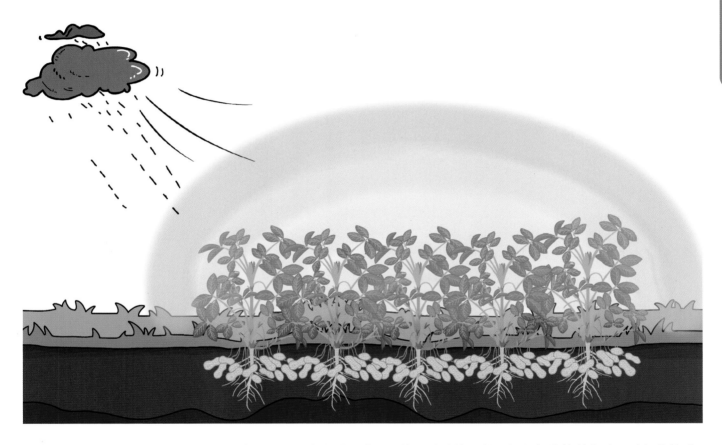

黄腐酸促进植物脯氨酸、可溶性糖等渗透保护剂的合成，增强植物保护酶的活性，如超氧化物歧化酶、过氧化物酶、过氧化氯酶、谷脱甘肤还原酶等。这些保护酶的主要作用是清除细胞内的活性氧，减少活性氧对细胞的伤害。

提升作物抗逆性

提高植物对病虫害的防御能力

为土壤微生物提供重要的能量来源，帮助建立种群，促进代谢活动。

提高植物对极端天气的抵抗能力

过热

过冷

干旱

阴雨

促进作物高质高效生长

提高发芽率，减少发芽时间，促进种子萌发（水稻、小麦、燕麦）

黄腐酸的分子量低，易于植物吸收，提高种子中的淀粉酶和过氧化氨酶的活性及呼吸强度，使植物生长有一个良好的开端。

提高光合作用效率，提高作物（苹果、番茄、甜菜、柠檬）品质

黄腐酸能加强酶对糖分、淀粉、蛋白质、脂肪及各种维生素的合成运转，刺激多糖酶的活性，使多糖转化为可溶性单糖，从而提高果实甜度，改善作物品质。

促进植物生长，提高作物产量，增加根系的生长和吸收能力（大豆、马铃薯）

酚／醌的氧化—还原体系决定了黄腐酸既是氧的活化剂，又是氨的载体，故影响着植物的呼吸强度、细胞膜透性和渗透压及多种酶的生物活性，从而加强植物的吸收、转运能力，调节植物代谢系统。

提高肥料利用效率

富含植物生长所必需的有机物和矿物质，提高肥料的利用率，减少肥料损失（黄腐酸可与有机肥料、化肥、微量元素肥混合使用）

黄腐酸类肥料与相同用量的其他肥料相比，能减少氮的损失，提高氮肥的利用率，使肥效延长，加快土壤中有机氮转化速率。我国磷肥利用率较低，腐殖酸对磷肥具有增效的作用，可以增加磷肥的利用，提高作物的产量。

促进农业可持续发展

四
植物源黄腐酸
与农业可持续发展

为秸秆的高质化利用提供新思路

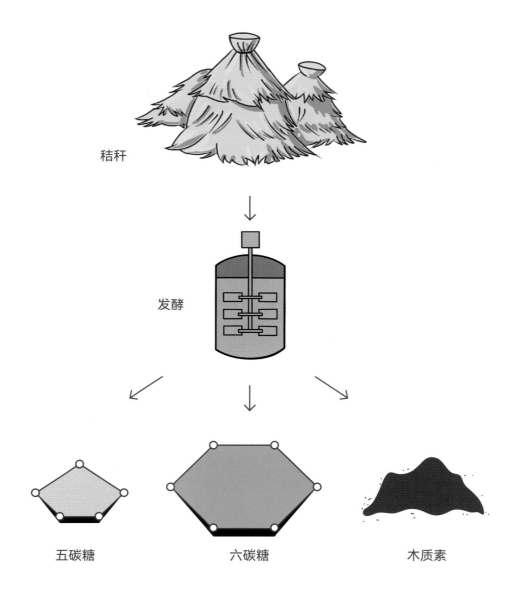

秸秆

发酵

五碳糖　　　　　六碳糖　　　　　木质素

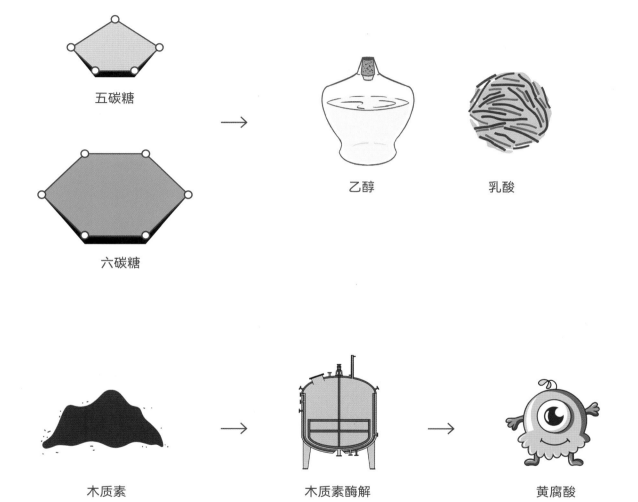

五碳糖

六碳糖

乙醇

乳酸

木质素

木质素酶解

黄腐酸

为秸秆禁烧提供技术支撑

秸秆焚烧过程中释放出大量的 CO_2、CO、SO_2、NOx，尤其是 CO_2、NOx 是导致温室效应的主要来源。秸秆焚烧除了释放大量的有害气体外，还产生大量可吸入颗粒（PM10），严重危害人的身体健康。

是实现秸秆高效还田的有效手段

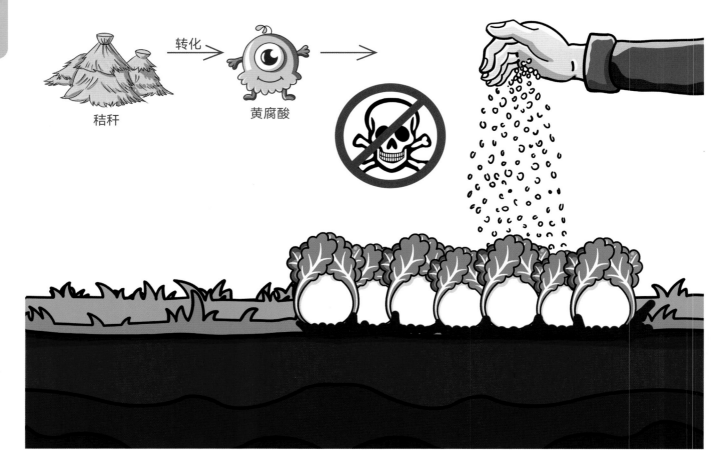

秸秆　转化　黄腐酸

植物源黄腐酸技术将秸秆转化为天然绿色肥料还田，科学地实现了土地自养，使土地资源得到有效保护和再生。并且，在生产过程中不需要过多的能源，不使用和消耗化学药品，不产生废水、废渣，在使用过程中不产生任何污染，大量的功能基团对多种化学成分的吸附、结合和运转功能，不但可以清除环境中许多有害物质，还能在农业生产中表现出多功能、高效性、广泛性和操作简单等诸多优点，是一种极有发展前景的可持续生态农业生物技术。

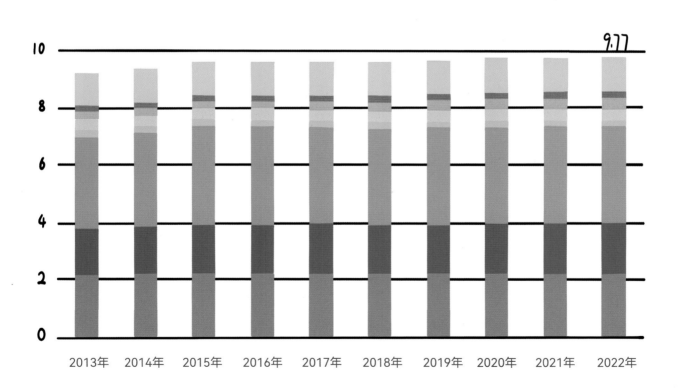

2022 年，我国秸秆理论资源量为 9.77 亿吨，以玉米、小麦和稻谷秸秆为主，约占秸秆总量的 80%。

2013—2022 年我国不同类型秸秆理论资源量统计

（亿吨）■稻草 ■麦秆 ■玉米秆 ■棉秆 ■油料秆 ■豆类秆 ■薯类秆 ■其他

是促进耕地质量提升的关键技术

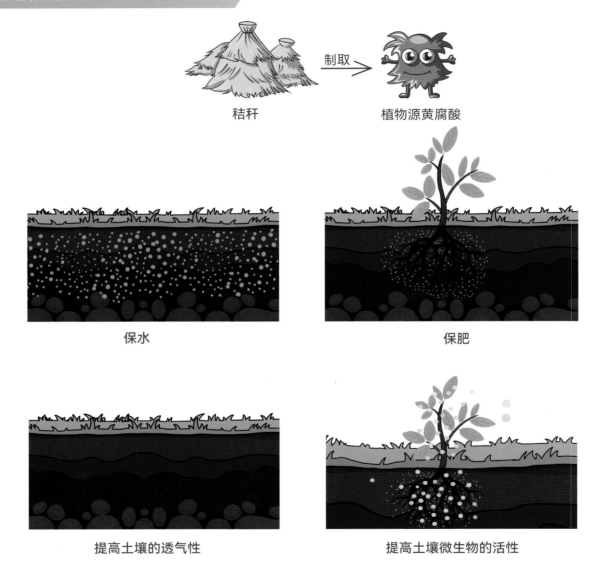

秸秆　　制取→　　植物源黄腐酸

保水　　　　　　　　保肥

提高土壤的透气性　　　　提高土壤微生物的活性

利用秸秆制取植物源黄腐酸，再施用于土壤，提高土壤的保肥、保水能力，提高土壤的透气性和土壤微生物的活性。

是农业稳产提质的保护伞

提升农作物质量

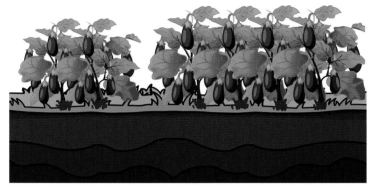

提高农作物产量

加强农作物抗逆性

提升农作物产量和质量，提高农作物抗逆性。收获后的农作物秸秆又能用于植物源黄腐酸的生产，形成了秸秆→植物源黄腐酸→秸秆的绿色循环，既缓解了农村能源紧张现状，又可以解决环境污染问题，而且发酵后制取了高效有机质肥料。

是农业生产环境改善的有力抓手

在倡导低碳经济、建设美好环境、造福农业等方面，植物源黄腐酸的利用具有现实意义，有助于促进高效生态农业和绿色农业的发展，可加快实现向可持续发展的绿色农业转型。

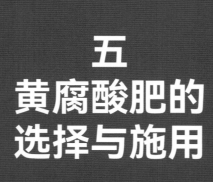

五
黄腐酸肥的
选择与施用

黄腐酸钾

在黄腐酸的酸性官能团上引入金属离子，黄腐酸结构中的酸性基团上的氢离子与钾离子之间的置换反应，形成了可溶性的黄腐酸钾。黄腐酸钾外观呈黄色块状的多微孔颗粒，具有速溶速效的特点。既能为植物提供生长所需的钾，又能对植物生长发挥调节作用，还能改善土壤渗透性、增加土壤水分、保护肥料、提高作物抗旱能力等，同时由于其有效成分含量高、无毒副作用、产量显著增加等特点，在农业生产中得到广泛应用。目前，黄腐酸钾可以被用作生长调节剂，以提高小麦、玉米、花生、番茄和大豆等农作物的抗逆性。

黄腐酸钾与腐殖酸钾

腐殖酸钾

分子量在几十万到几百万道尔顿之间

黄腐酸钾

分子量在300至500道尔顿之间

69

通过土壤中微生物的分解转化

直接被作物分解利用

以矿物源腐殖酸为原料，在一定条件下与氢氧化钾反应制成腐殖酸钾，矿物源腐殖酸肥料和腐殖酸盐在水溶液中呈离子态的腐殖酸。可溶性腐殖酸是衡量腐殖酸肥料和腐殖酸盐产品的主要质量指标。

黄腐酸肥的选择

1. 颜色: 优质的黄腐酸肥会呈现出灰黑色或者黑褐色。

灰黑色　　　　　　　　黑褐色　　　　　　　　劣质

2. 水溶性: 如果不能立即溶解于水, 此种黄腐酸肥使用效果较差。

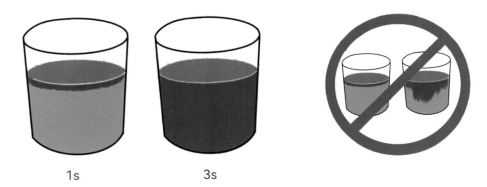

1s　　　　　　　　3s

3. 含量：正规的黄腐酸肥都会在包装上标注黄腐酸、氧化钾的含量（黄腐酸不能低于 50％，氧化钾高于 12％），如果没有标注或者含量过低，都值得提高警惕。

黄腐酸含量(干基计)/%，≥50
氧化钾含量(干基计)/%，>12

4. 价格：矿源黄腐酸肥由于其生产过程复杂，成本较高（尤其是高提纯的矿源黄腐酸肥），在购买时要对比一下价格，价格过低的产品勿购买。

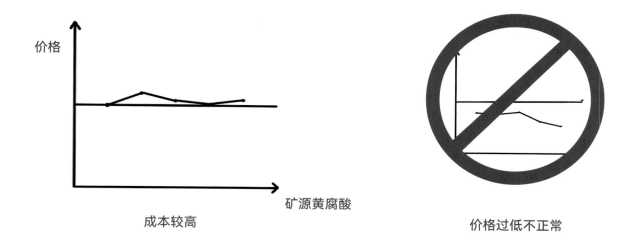

成本较高   价格过低不正常

5. 触摸感：优质的黄腐酸钾掂起来应当是沉甸甸的（提纯的原因），而且摸起来有点略沾手的感觉（活性强、强渗透性的原因）。

黄腐酸钾类肥料选用时所参考的标准及含量指标

（参考HG/T5334—2018《黄腐酸钾》）

黄腐酸钾液体指标

指　标	矿源黄腐酸钾液体	植物源黄腐酸钾液体
荧光激发波长，发射波长/nm	460~470，530~540	460~470，520~530
黄腐酸含量(干基计)/%	80	200
氧化钾含量(干基计)/%	15	60
水不溶物含量(干基计)/%	50	50
pH 值(1:100倍稀释)	4.0~11.0	4.0~7.0

黄腐酸肥的施用方法

根部施肥

将黄腐酸肥均匀撒在植物根部周围的土壤中

轻轻松土，使肥料与土壤混合

这种施肥方式可以直接提供养分给植物的根系，促进植物的生长和发育。

叶面喷施

将适量的黄腐酸肥溶解在水中

每1 L植物源黄腐酸肥溶解在200 ~ 500 L的水中

黄腐酸与多种肥料结合施用

黄腐酸与微量元素结合

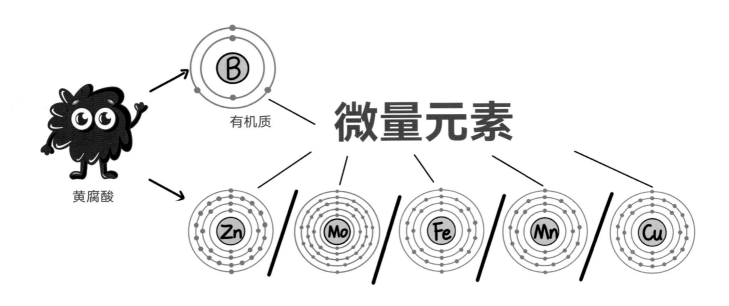

黄腐酸可以和化肥（如尿素、硫酸铵、硫酸钾等各种复合肥）混合施用，大多数化肥溶水后呈酸性，而矿源黄腐酸钾中的腐殖酸是不溶于酸性溶液的，所以会有相应的絮凝极限。矿源黄腐酸能和微量元素肥一起施用，但是对于锌、钼、铁、锰、铜等在水溶液中呈二价以上的微量元素，不建议使用。

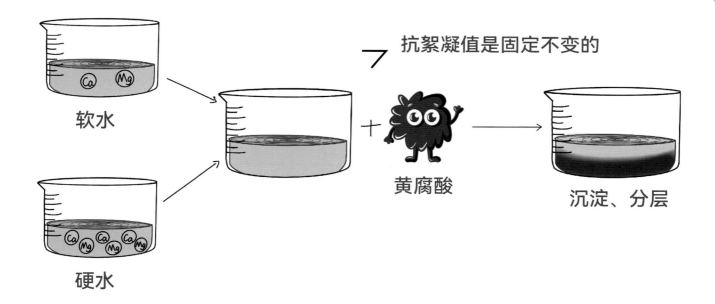

抗絮凝值是固定不变的

软水

硬水

+ 黄腐酸

沉淀、分层

自然水域中本来就含有一些钙镁离子，如果再添加水溶微量元素，相当于把水的硬度提高了。而矿源黄腐酸钾的抗絮凝值是固定不变的，此时把两者混合如果超过了矿源黄腐酸钾的抗絮凝极限值，就会产生沉淀，继而分层，也会造成矿源黄腐酸钾抗絮凝能力下降。

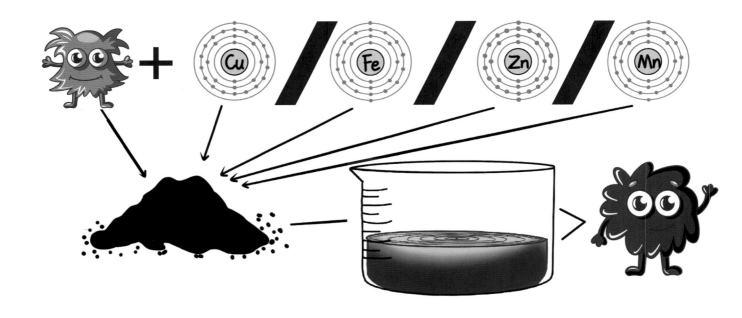

植物源黄腐酸具有强大的螯合和吸附作用，非常适合作为添加剂施用，能够与铜、铁、锌、锰等微量元素共溶或螯合，可制成腐殖酸叶肥，水溶性好，不絮沉，适宜多种水质，使用效果和配制效果优于矿源黄腐酸。

黄腐酸与化肥混合施用能够提高肥料利用效率

与无机肥料混合：植物源黄腐酸可以与无机肥料如尿素、磷酸二铵、硫酸钾等混合施用

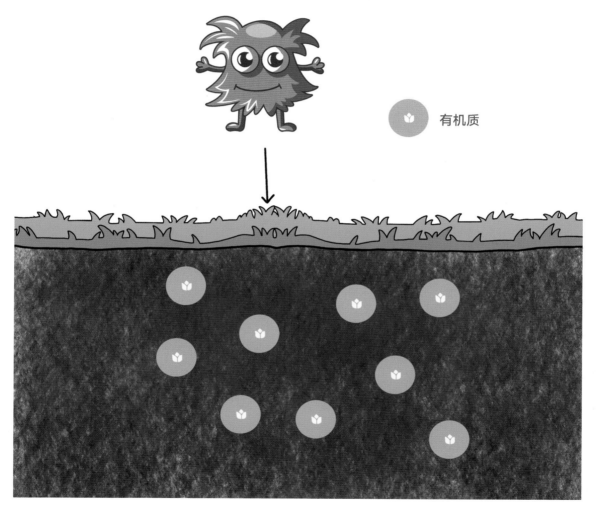

有机质

植物源黄腐酸可以提供有机质和柔软的土壤结构

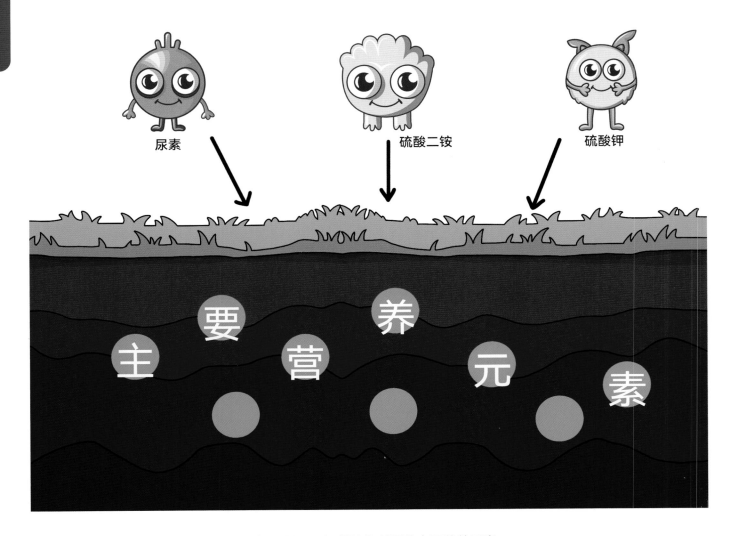

尿素　　硫酸二铵　　硫酸钾

主要营养元素

无机肥料可以提供植物所需的主要营养元素

混合使用可以兼顾有机和无机肥料的优势，提供全面的营养

黄腐酸与农家肥混合施用能够调控植物呼吸系统，提高光合作用的效率

与有机肥料混合：植物源黄腐酸可以与其他有机肥料如腐熟堆肥、鸡粪、鱼粉等混合使用

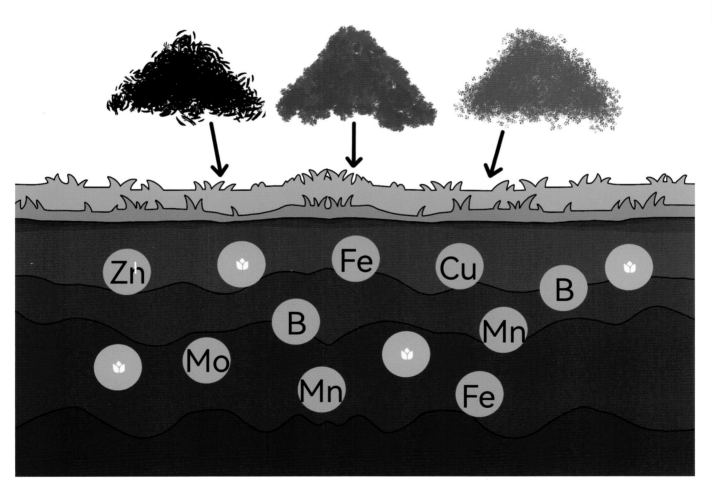

提供更丰富的有机物质和微量元素

植物光合作用释放CO$_2$

植物光合作用固定CO$_2$

生态系统呼吸释放CO$_2$

植物呼吸系统

促进土壤生态系统的健康发展

黄腐酸与菌肥混合施用能够提高菌肥的活性

生物肥料：植物源黄腐酸可以与生物肥料如生物菌肥、藻类肥料等混合施用

生物肥料含有丰富的微生物和激素，
可以促进植物的生长和发育

增强土壤的生物活性，
提高植物对肥料的吸收利用率

○ 微生物

● 激素

黄腐酸与农药结合施用

 减少化学农药用量，减轻农药污染，有利于生态农业的发展

植物源黄腐酸含有多种表面活性物质，可降低表面张力，促进化学农药分散、乳化、湿润，改善药液物理状况，提高防效。

与化学农药混合使用，可保护环境

甜菜在生长初期，对杂草十分敏感，施用大量的除草剂，会对环境造成很大的破坏。将除草剂与植物源黄腐酸混合后，除草效果不会产生明显变化，因此，将黄腐酸与化学农药混合使用减少农药的使用量可以达到保护环境的目的。

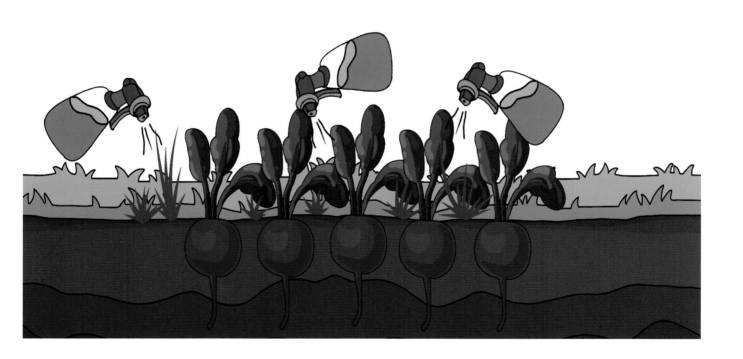

可提高农药药效

利用植物源黄腐酸和柠檬酸烯等天然杀虫剂配制的保健型植物营养液，具有防虫防病、促进生长、增产增收等多功能作用。采用药肥合一，通过叶面喷施可达到补充营养、促进生长和病虫兼治的目的，这种环保型的生态药肥初步达到了保健与营养双重效果。

根据作物的需求和土壤条件等因素，可以适当调整溶解比例。

一般来说，苗期和初期生长阶段的作物可以采用较低的溶解比例，如 1：40。

黄腐酸的施肥量

土壤肥力

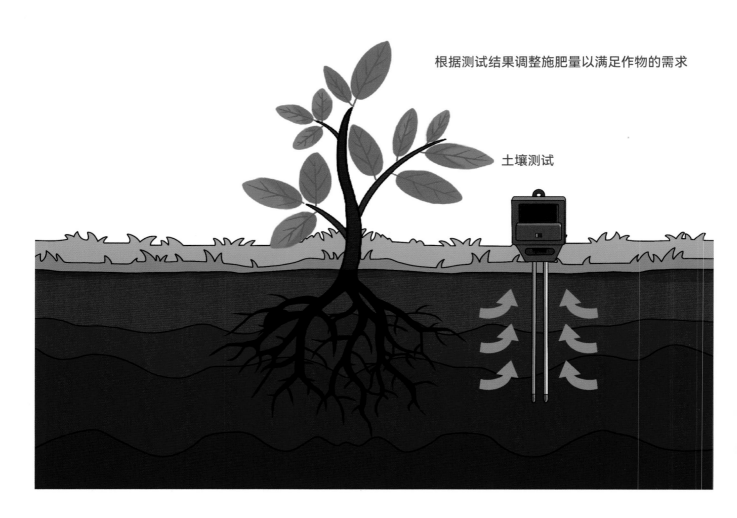

根据测试结果调整施肥量以满足作物的需求

土壤测试

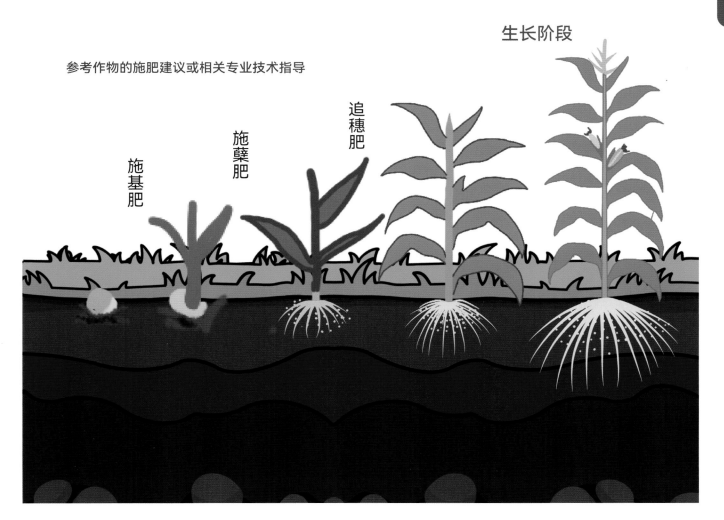

作物需求

生长阶段

参考作物的施肥建议或相关专业技术指导

追穗肥

施蘖肥

施基肥

施肥效果

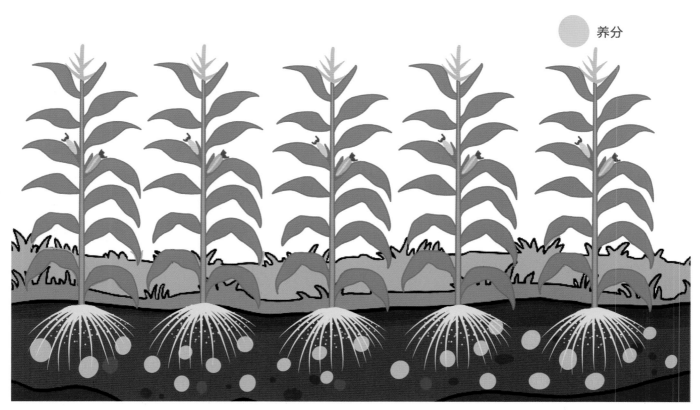

养分

生长状况良好且养分供应充足，可以适当减少施肥量

养分

如果作物出现养分不足的症状，可以增加施肥量

六
应用案例

改良土壤

沙化土壤治理

（1）地点：陕西省咸阳市

土壤类型：沙壤土，干时可成块，但易破碎，湿时可感觉黏性。

肥料：植物源黄腐酸，其中黄腐酸含量 ≥ 90％，有机质 ≥ 70％，粗蛋白质 ≥ 40％，水溶性蛋白 ≥ 98％，K_2O ≥ 5％，N ≥ 10％，微量元素 ≥ 2％, pH 值 4 ~ 6。将 BFA（生化黄腐酸，余同）分别按照设定比例（5 g/kg，10 g/kg，15 g/kg，20 g/kg）与供试土样混合均匀，培养 10 d，每隔一天补充水分，使水分含量保持在 70％。其中 20 g/kg 效果最佳。

作用：改善土壤的结构和通透性。能够增加土壤颗粒的结合力，改善土壤的团粒结构，提高土壤的保水性和排水性，增加土壤水分容量。

效果：经不同浓度植物源黄腐酸处理，≥ 2 mm 的超大团聚体含量由 1.23％分别增加至 1.47％、2.19％、3.53％、4.88％，增大 2.97％；0.25 ~ 2 mm 的大团聚体含量由 1.70％分别增加至 3.79％、4.67％、6.17％、6.40％，增大 2.76％；0.053 ~ 0.25 mm 的微团聚体由 33.72％分别增加至 35.72％、37.02％、38.86％、39.44％，增大 16.96％；< 0.053 mm 的黏粒含量由 63.35％减小至 59.02％、56.1％、51.47％、49.28％，减小 22.21％。BFA 对累积入渗量的影响显著，且随着施加比例增大，入渗时间达 270 min 时，累积入渗量较施加黄腐酸对照组分别增加 5.62％、12.84％、19.21％和 28.83％。

（2）地点：江苏省南京市

土壤类型：普通土垫旱耕，多年耕种，土壤裂缝增多，裂缝的进一步发展将会降低土壤团聚体稳定性，破坏土体的内部结构。

肥料：黄腐酸。

作用：黄腐酸能够有效抑制土壤裂缝。

效果：黄腐酸影响下，林地耕作层土壤裂缝长度密度均值最小为 0.85 cm/ cm^2；水田耕作层土壤裂缝长度密度均值最小为 1.17 cm/cm^2。

（3）地点：内蒙古自治区鄂尔多斯市

土壤类型：砂质土，需复垦土壤，保水能力较差，与复垦标准土壤相比，表土基质呈强碱性，极不利于一般动植物的生存。

肥料：以玉米秸秆为主的生物质材料。

作用：生物质材料中含有大量的腐殖酸和黄腐酸，分解产生的有机胶结物质具有黏结性，能促进土壤黏粒团聚并形成水稳性大团聚体，使改良土壤难度显著降低，增强持水保水能力，有利于盐碱地的治理。

效果：随着生物质材料添加量的增加，改良土壤的密度使其逐渐降低，孔隙度增加。当生物质材料占比为20%时，改良土壤密度降至 1.322 g/cm³。

  未改良表土为砂质土，饱和持水率为 18.6%，持水保水能力较弱。随着生物质材料添加至占比为 60%，改良土壤的饱和持水量和持水率都逐渐升高，饱和持水率为 37.2%。

  未改良土壤含有机质为 0.682%，当生物质材料占比为 10%时，改良土壤含有机质达到 9.44%，达一级土壤标准，为甚丰富级别。

盐碱土壤治理

（1）地点：江苏省启东市

土壤类型：滨海盐渍土，盐渍化程度较高，土壤结构较差，极易板结，土壤养分含量低，肥力差。

肥料：稻壳、黄腐酸钾和脱硫石膏的配比为 5∶1.2∶9，黄腐酸钾中黄腐酸含量 55%，将改良剂撒至土壤表面，随后翻耕平整土地，翻耕后改良剂与 0 ~ 20 cm 土层的土壤混合均匀。

作用：调节土壤 pH 值，增加土壤缓冲能力。提高土壤有机质、碱解氮和有效磷的含量（提高土壤肥效）。

效果：与 CK 相比，添加黄腐酸改良剂后，土壤全盐量均显著降低（$P < 0.05$），其中黄腐酸占比最多的改良剂处理土壤盐分最低，降低了 33.8%。

土壤有机质反映了土壤的养分含量情况，而滨海盐碱土养分贫瘠，有机质含量低，改良后有机质含量高低是反映改良效果的重要因素。施用复合改良剂后，土壤有机质含量增加了 3.0% ~ 45.8%，其中黄腐酸占比最多的改良剂处理土壤有机质含量增幅最高，较对照处理增加了 45.8%。

（2）地点：新疆维吾尔自治区

土壤类型：盐碱土，土地盐碱化使得土壤通气性和透水性变差，延缓地表土壤温度的回升，降低了土壤的酶活性，对农作物生长及其产量产生一定的负面作用，威胁着农业可持续发展。新疆是我国最大的盐碱土区，其盐碱化面积占新疆耕地面积的 32.07%，占全国盐碱土地总面积的 1/3。

肥料：植物源黄腐酸，粉末状，质量分数大于 90%。最佳施用量 4 g/kg（土壤中所含黄腐酸）。

作用：保水脱盐，促进土壤中酶的活性。

效果：植物源黄腐酸施加量为 4 g/kg 后的土壤，其累积入渗量与未施加的相比增加了 7.14%，提高土壤水分入渗速率的效果显著。

施加植物源黄腐酸可以提高土壤含水率，其中施加量为 4 g/kg 时效果最为明显。在土层深度 0 cm、5 cm、10 cm、15 cm、20 cm、25 cm、30 cm，分别施加量 4 g/kg 处理的土壤含水率分别高于对照组 13.07%、13.01%、14.11%、17.07%、23.08%、43.09%、86.79%。

在 0 ~ 20 cm 土层，与对照组相比，施加 1 g/kg、2 g/kg、4 g/kg、8 g/kg 植物源黄腐酸后的土壤平均相对脱盐率分别为 5.29%、27.04%、42.77%、14.74%。其中施加量 4 g/kg 处理的土壤脱盐率最高。

（3）地点：江苏省东台市

土壤类型：滩涂盐渍土，滨海地区滩涂资源丰富，但土壤质量低下。

肥料：黄腐酸与尿素混合施用。

作用：黄腐酸能有效降低耕层土壤盐分，综合考虑土壤改良效应，经黄腐酸处理的土壤表层盐分降低、水稳性大团聚体含量增加且稳定性增强，有机碳含量提升，因此黄腐酸结合适宜用量氮肥，是轻中度盐碱土壤的优化施肥措施。

效果：对不同深度的土层施用黄腐酸与尿素的混合肥料，随着土层深度的加深，其电导率均显著降低，分别经 CK、CK_1、F_1N_1、F_1N_2、F1N3 处理的土壤，其电导率分别降低 37.6%、36.4%、25%、51.3% 和 38.9%。其中黄腐酸比常规氮肥电导率降低最多，为 51.3%。

黑土地治理

（1）地点：黑龙江省齐齐哈尔市

土壤类型：白化黑土，黏壤土，肥力低，有机质含量低。

肥料：液体黄腐酸、固体黄腐酸。

作用：施用黄腐酸提高了土壤理化性质，提高了土壤的生长参数。除了提高产量外，黄腐酸还促进了养分吸收。施用黄腐酸（FA）提高了土壤有机碳和轻组分的碳含量。液体形式的黄腐酸（FA）在黑土中的施用效果优于固体形式的黄腐酸（FA）。

效果：轻组分碳是植物养分的短期库，是土壤碳形成的主要组分。施用黄腐酸（FA）显著增加了35%～40%的土壤有机碳和23%～29%的轻组分碳，但它使重组分碳（HFC）中的碳含量减少了约12%的总有机碳含量。施用黄腐酸显著提高了土壤氮含量。

（2）地点：陕西省咸阳市

土壤类型：黑垆土，黑钙型土壤，良性耕作土壤上部有一暗灰色的有隐黏化特征的腐殖质层；此层虽较深厚和疏松，但腐殖质含量不高。

肥料：黄腐酸钾。

作用：黄腐酸钾能促进土壤水分运移，黄腐酸钾施量直接影响到土壤团聚体量指标，随着培养时间增长，对土壤结构的改良效果在逐渐增强。

效果：各黄腐酸组较对照处理分别提高了23.53%、37.25%和47.06%，可见黄腐酸钾具有明显的促渗作用。原因可能是入渗后期土壤水势梯度减少，基质势占主导因素。

分形维数可以反映土壤结构特性和均匀程度，在60 d 时间内，经黄腐酸钾处理组分别为2.70、2.61、2.56和2.46，较 T0 处理分别减少了3.33%、5.19%和8.89%。说明黄腐酸钾的施加显著降低土壤分形维数，使水稳性团聚体结构更稳定。

受污染土壤治理

（1）地点：浙江省温州市

土壤类型：重金属 Cd 污染的轻黏土，难降解污染物在土壤中有着较长的残留效应，会造成土壤元素流失，易引起地下水的污染，存在潜在的环境风险。

肥料：0.3% 黄腐酸钾活化剂，在柳树的作用下，共同降低污染。

作用：黄腐酸钾活化剂的施加提高了土壤有机质，改善了土壤 pH 值，改变了重金属镉的形态分布。虽然在一定程度上抑制了柳树的生长，但是提高了植物根系对于土壤中有机质的吸收，也提高了生物量，提高了叶片、枝条、树干对于镉的积累，降低了土壤中重金属含量。

效果：黄腐酸钾活化剂能提高土壤有效态镉的含量，可为柳树吸收更多的重金属，培养 10 ~ 20 d，经黄腐酸钾处理的土壤有效态镉含量提高了 0.21 mg/kg，高于对照土壤 0.17 mg/kg。

经过黄腐酸钾处理的土壤，其残渣态镉所占百分比明显降低，低于对照土壤 4.41%。

可提取态镉所占百分比明显降低，低于对照土壤 6.34%。

（2）地点：浙江省嘉兴市南湖区

土壤类型：重金属汞 Hg 污染的土，土壤中的汞及其化合物会破坏或抑制土壤中微生物的活性，使土壤中酶活性降低，土壤肥力下降，进而导致农作物减产或品质下降。甚至土壤中的汞会通过农作物进入食物链，从而影响人体健康。

肥料：黄腐酸联合稳定剂。

作用：黄腐酸含有大量的羟基（–OH）、羧基（–COOH）、羰基（C=O）、氨基（–NH$_2$）和巯基（–SH）等活性基团，能与土壤中的重金属等进行交换吸附和配位螯合，从而改变土壤中重金属的存在形态与生物活性。

效果：与修复前土壤总汞含量为 0.45 mg/kg 相比，对照土壤总汞含量为 0.42 mg/kg，略有降低，但差异不显著。黄腐酸投加量为 0.075 kg/m^2、0.150 kg/m^2、0.225 kg/m^2 的处理土壤总汞含量分别为 0.34 mg/kg、0.36 mg/kg、0.37 mg/kg，均显著低于对照土壤，也显著低于修复前土壤总汞含量。

与修复前土壤有效汞含量为 1.45 μg/kg 相比，对照土壤中有效汞含量显著降低，为 1.05 μg/kg，表明棉花本身能吸收一定量的有效汞。富里酸投入量为 0.075 kg/m^2、0.150 kg/m^2 和 0.225 kg/m^2 的处理土壤有效汞含量分别为 0.28 μg/kg、0.35 μg/kg 和 0.42 μg/kg，均显著低于对照和修复前的土壤。

（3）地点：上海市北部地区

土壤类型： 砷污染土壤，砷是生物体内的非必需元素，土壤中的砷会干扰植物叶绿素合成，影响植物的生长速度，严重污染甚至导致植物死亡。砷也会通过根系被植物吸收，影响植物对营养和水分的吸收，干扰作物正常生长，使作物产量减少，品质下降。砷在植物体内产生累积，通过食物链进入人体，损害人类身体组织和代谢过程，影响人体健康。

肥料： 黄腐酸增强剂。

作用： 作为化学合成增强剂，无潜在毒性物质，避免土壤被二次污染，能够与土壤中的砷相互作用。

效果： 电动修复技术（EKR）。250 mL 去离子水混合（EKR1）、250 mL 浓度为 16.0 g/L 的 HA 混合（EKR2）、250 mL 浓度为 16.0 g/L 的黄腐酸溶液（EKR3）

随着时间的推移，EKR1、EKR2、EKR3 中 TAs 的去除效率逐渐提高。EKR1、EKR2 和 EKR3 中分别有 13.8%、33.8% 和 38.5% 的 TAs 被从砷污染土壤中去除。在 EKR2 和 EKR3 中 TAs 的去除率分别是 EKR1 的 2.5 倍和 2.8 倍。当采用 HA 和黄腐酸作为土壤前处理时，与 EKR1 相比有显著改善。

改良作物

粮食作物

（1）地点：山东省

作物：小麦 '金麦 22 号'。

肥料：主要成分为 20.6% 的黄腐酸，有机质 56.9%、水分 0.3%、有效活菌 1.2%。普通复合肥 (N－P_2O_5－K_2O 为 15－10－20)，以农用复合肥为对照，对照组只施加复合肥。复合肥与黄腐酸混合施用，其比例为 1 : 4。

作用：小麦经过 40 天生长，发芽率两者差别不大，均为 100%，但是混合施用黄腐酸与复合肥能有效增加土壤中细菌、真菌和放线菌的数量，显著改善微生物群体功能，增加脲酶、酸性磷酸酶、过氧化氢酶和蔗糖酶活性。

能有效改善小麦根际土壤的生态环境，从而促进多种微生物的生长繁殖，丰富种群，增加密度。

效果：40 天时，施用 6 g/kg 黄腐酸肥料的处理小麦，根际土壤微生物细菌数量达到最高值 8.47 × 10^7 个，显著高于其他处理。

施用黄腐酸肥料 2 g/kg、6 g/kg 和 10 g/kg 的土壤中过氧化氢酶的活性均高于施用氮磷钾复合肥（N、P、K）的土壤的，且当黄腐酸肥料施用量达到 10 g/kg 时，过氧化氢酶活性显著高于其他处理，为 10.87 mg/(g · d) 远高于复合肥处理。

施用黄腐酸肥料 2 g/kg、6 g/kg、10 g/kg 的土壤，其蔗糖酶的活性均高于 N、P、K 处理和 CK，随着黄腐酸肥料施用量的增加，土壤中蔗糖酶的活性也略有增加，当黄腐酸肥料施用量达到 10 g/kg 时，蔗糖酶的活性达到最大值，为 10.95 mg/(g · d)。

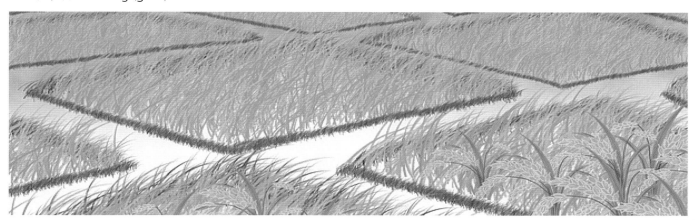

（2）地点：内蒙古自治区

作物：燕麦'坝莜 3 号'。

肥料：黄腐酸（N + P + K ≥ 200 ng/L，浓度 1 g/mL）以普通施加水为对照。

作用：稀释 200 倍的黄腐酸溶液和浸种 9 h，为促进燕麦种子萌发和幼苗生长的最佳处理组合。

效果：200 倍黄腐酸稀释液浸种 9 h 后，种子的发芽率、发芽速率、发芽势和胚芽长度较 CK 分别提高了 5.3%、60.0%、19.9%和 26.4%。

200 倍黄腐酸稀释液浸种 9 h 后，燕麦出苗率、幼苗高度、根长及幼苗鲜重较 CK 分别增加了 11.0%、13.4%、14.1%和 19.6%。

200 倍黄腐酸稀释液浸种的增产效果最明显，燕麦籽粒产量较对照组增加最高达 32.15 g。

（3）地点：西藏拉萨市林周县

作物：青稞 '苏拉青 2 号'。

肥料：黄腐酸钾与尿素混合使用。

作用：黄腐酸应用于西藏青稞作物，提高了其产量、品质、肥料利用率和土壤养分。

效果：高原高海拔、高寒气候，与对照比较，经黄腐酸处理的土壤增产 29.89%。

油料作物

（1）地点：河南省郑州市

作物：花生。

肥料：黄腐酸抗旱剂，施用时期为浸种期、开花下针期、结荚期、荚果膨大期、饱果期，与清水对照，喷施浓度为 60 g/ 亩 + 50 kg 水。

作用：黄腐酸抗旱剂能够有效地缓解和推迟干旱对花生正常生长发育所造成的危害，其增产作用是显著的，特别是在花生开花下针期和饱果期应用效果更佳。

效果：用黄腐酸抗旱剂进行花生浸种和在各个生育时期喷施均有明显增产效果。其增产幅度为 8.45% ~ 16.07%，平均增产 12.39%，在开花下针期和饱果期喷施增产幅度最大，分别为 16.07% 和 14.02%。开花下针期喷施黄腐酸抗旱剂明显提高了单株结果数，比清水对照多 4.15 个。饱果期喷施黄腐酸抗旱剂比清水对照饱果数增加 2.88 个，百果重增加 3.9 克。黄腐酸抗旱剂浸种对花生也有明显的增产效果。

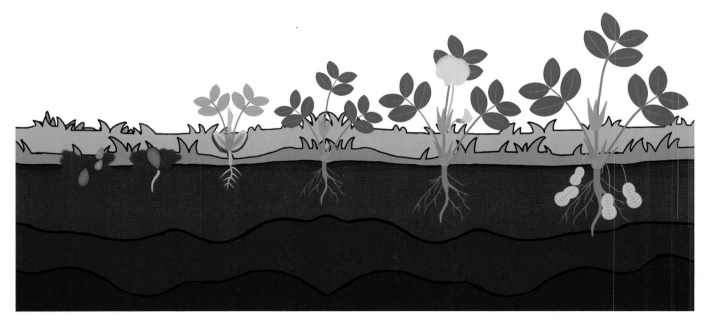

（2）地点：北京市

作物：大豆'国安 1'。

肥料：黄腐酸改良剂。

作用：施用黄腐酸土壤改良剂降低了大豆生长前期的耗水量，提高了大豆对养分的吸收、水肥利用和产量。

效果：中量黄腐酸处理和高量黄腐酸处理后，耗水量可分别比对照显著降低，播种后 0 ~ 30 d，砂土上种植的大豆耗水量为 5.1% 和 5.7%。

黄腐酸土壤改良剂可较对照提高水分利用效率，且以低、中量黄腐酸土壤改良剂提升效果显著，分别提高 9.7% 和 49.2%。

黄腐酸土壤改良剂可分别显著提高砂土、壤土和黏土上种植的大豆产量 13.4% ~ 61.4%、8.1% ~ 54.4% 以及 30.5% ~ 48.4%。

（3）地点：甘肃省张掖市

作物：甘蓝型油菜。

肥料：黄腐酸与尿素。

作用：黄腐酸生物有机肥处理能有效降低甘蓝型春油菜叶片的细胞膜的相对透性，能在一定范围内提高甘蓝型春油菜叶片的相对含水量，能提高甘蓝型春油菜脯氨酸含量。

效果：黄腐酸 12%、300 kg/hm² 处理后的甘蓝型春油菜叶片中，细胞膜相对透性最高，平均值为 28.90%，变幅介为 27.29% ~ 30.23%，显著高于对照组。

黄腐酸 12%、600 kg/hm² 处理的甘蓝型春油菜叶片中，脯氨酸含量显著高于对照组，比对照组的测定值高 0.12 μg/mL。

经济作物

（1）地点：重庆

作物：烟草'云烟87'。

肥料：黄腐酸喷雾。

作用：提高烟草的抗病性，黄腐酸对烟草青枯病具有一定的抑制作用，效果提升可达到35%。

（2）地点：新疆维吾尔自治区石河子市

作物：棉花。

肥料：黄腐酸液态氮肥。

作用：有利于促进棉花的生长，提高了棉桃成铃率。

效果：单株铃数增加是棉花增产的主要因素，与常规施肥方式相比，黄腐酸液态肥处理增产率为 8.95％，籽棉产量增加 39.5 kg/ 亩、经济收入增加 301.3 元 / 亩。

（3）地点：山东省青岛市

　　作物：茶树，品种为'中茶102'。

　　肥料：黄腐酸水溶肥料。

　　作用：茶叶产量明显增加。

　　效果：春茶、夏秋茶产量有不同程度的增加，增产率为3.1%～18.3%，可以增加收益，当每亩增施20 kg时，比常规施肥净增收1 485.8元/亩。

蔬菜作物

（1）地点：山东省济宁市

作物：大蒜'金蒜4号'。

肥料：黄腐酸微生物肥料、黄腐酸营养液。

作用：提高大蒜产量、质量。

效果：黄腐酸微生物肥料与营养液共同施用的大蒜鳞茎，平均产量比单独施用黄腐酸微生物接种剂分别显著提高13.67%和8.18%，比单独施用营养液分别显著提高19.92%和16.60%。

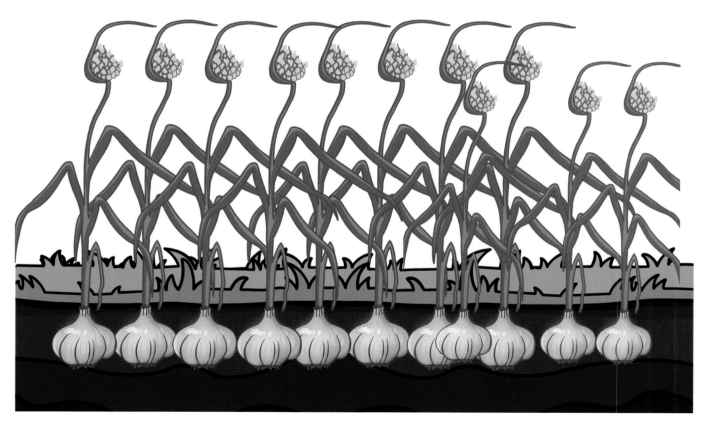

（2）地点：北京市

作物：番茄。

肥料：黄腐酸。

作用：适量施用黄腐酸及施追底肥可提高番茄产量。适量的黄腐酸基肥和追肥可提高番茄果实的产量和营养品质。

效果：黄腐酸可使土壤栽培番茄的产量和果实数量分别提高 35.0％和 44.4％

黄腐酸追肥使番茄植株总生物量增加 22.4％。黄腐酸处理使苯丙氨酸、缬氨酸和蛋氨酸的变化分别增加 55％、56％和 61％。

水果作物

（1）地点：河南灵宝市

作物：富士苹果。

肥料：复合肥（15-15-15）、海藻水溶肥（5-6-9，海藻提取物 ≥ 60%）、黄腐酸水溶肥（10-10-10，矿源黄腐酸 ≥ 3%）、尿素（N 46%）、过磷酸钙（P_2O_5 12%）、硫酸钾（K_2O 52%）。设置三组，复合肥组、水溶肥组、黄腐酸组对照施用。分 3 次施入：开花前（3 月 20 日）、幼果期（5 月 20 日）、果实膨大期（7 月 20 日）。

作用：促进了富士苹果根系生长，同时提高了叶植株叶绿素的相对含量、净光合速率和叶片中干物质含量，提升了果实品质，并不同程度促进了着色。

效果：经黄腐酸处理后的叶绿素相对含量比 CK 提高 3.22%。

经黄腐酸处理后的百叶鲜质量比 CK 提高 2.63%，百叶干质量比 CK 提高了 0.88%。

净光合速率均高于对照，为 15.07 μmol/（m·s），高于对照 2.52%。

单果质量比对照提高 12.00%；可溶性固形物则比对照提高 3.59%；固酸比对照提高 31.55%；维生素 C 则比对照提高 21.66%。

（2）地点：云南省保山市

作物：柠檬。

肥料：黄腐酸钾 (FAP) 中黄腐酸≥15%，K_2O ≥15%。

作用：黄腐酸可显著提高柠檬果实的单果品质、食用率、出汁率、维生素 C、总酸、总糖和可溶性固形物含量，但对柠檬果实形状指标影响不大。

效果：对照的果实单重为 106.32 g，经黄腐酸钾 (FAP) 处理的果实单重 112.29 g，高于对照 5.97 g。对照可食用率 69.94%，经黄腐酸钾处理后高于对照 2.76%。维生素 C 则比对照提高 7.66 mg/100g，总糖高于对照 0.35 g/100g。

参考文献

陈上茂，郭澎，邓博，等，2023. 外源添加物对土壤干缩裂缝特征的影响 [J]. 水土保持学报，37（06）：119-125.

陈训，贾军成，李春，等，2023. 含矿物源黄腐酸液态氮肥对棉花农艺性状和产量的影响 [J]. 新疆农垦科技，46（04）：43-46.

何淑萍，王娟，王托和，等，2021. 黄腐酸处理对甘蓝型春油菜生理指标的影响 [J]. 农业科技与信息，（03）：59-62.

李秀花，刘士坤，孙萌萌，等，2017. 生物黄腐酸肥料在茶叶上的应用研究 [J]. 腐殖酸，（05）：40-43.

刘佳欢，王倩，罗人杰，等，2019. 黄腐酸肥料对小麦根际土壤微生物多样性和酶活性的影响 [J]. 植物营养与肥料学报，25（10）：1808-1816.

刘丽，魏志峰，石彩云，等，2023. 海藻肥和黄腐酸肥对富士苹果树体生长及果实品质的影响 [J]. 果树学报，1-16.

刘影，迟崇哲，杨小牛，等，2023. 基于农业固废资源化利用的土壤改良试验研究 [J]. 黄金，44（10）：95-99.

马力通，李丽萍，路亚楠，等，2023. 碱液对提取褐煤黄腐酸的影响 [J]. 煤炭转化，46（05）：83-89.

马栗炎，姚荣江，杨劲松，2020. 氮肥及黄腐酸对盐渍土有机碳和团聚体特征的调控作用 [J]. 土壤，52（01）：33-39.

倪幸，李雅倩，白珊，等，2019. 活化剂联合柳树对重金属 Cd 污染土壤的修复效果研究 [J]. 水土保持学报，33（03）：365-371.

孙燕，王建，王全九，等，2022. 生化黄腐酸对盐碱土水盐运移特征的影响 [J]. 农业机械学报，53（01）：302-310.

唐雪，尚辉，刘广明，等，2021. 复合改良剂对盐碱土改良及植物生长的影响 [J]. 土壤，53（05）：1033-1039.

王晓娟，杜太生，纪莎莎，等，2015. 黄腐酸土壤改良剂对大豆耗水动态、养分吸收和水肥表观利用率的影响 [J]. 作物杂志，（02）：129-133.

王秀飞，张维东，魏秀英，等，2013. 秸秆发酵生产生化黄腐酸的特点及应用 [J]. 现代农业科技，（19）：261-2.

王智，张惠芬，秦谊等，2020. 矿源黄腐酸与植物源黄腐酸热裂解组分的对比研究 [J]. 腐殖酸，（05）：20-26.

吴军虎，李玉晨，邵凡凡，等，2021. 生化黄腐酸对土壤物理性质及水分运动特性的影响 [J]. 水土保持学报，35（04）：159-164，+71.

徐灿灿，孙达，王根荣，等，2020. 富里酸促进棉花对低汞污染农田土壤修复的研究 [J]. 上海农业学报，36（03）：70-74.

徐万幸，张永振，刘文静，等，2019. 黄腐酸分级及结构研究 [J]. 应用化工，48（01）：161-163，+168.

袁成立，张海芳，田科兴，2023. 黄腐酸钾对春青稞"苏拉青 2 号"产量、肥料利用率及土壤养分的影响 [J]. 西藏农业科技，45（04）：23-28.

张路，吴军虎，杨晓伟，等，2022. 施加黄腐酸钾对黑垆土土壤结构的影响 [J]. 灌溉排水学报，41（10）：131-138.

赵世元，2020. 黄腐酸诱导烟草抗青枯病的活性及初步机理研究 [D]. 重庆：西南大学.

周剑林，刘伟银，张欣，2017. 风化煤中黄腐酸的提取及其表征研究进展 [J]. 广州化工，45（15）：1-2+8.

He X, Zhang H, Li J, et al., 2022. The Positive Effects of Humic/Fulvic Acid Fertilizers on the Quality of Lemon Fruits [J]. Agronomy, 12(8).

Lv D Q, Sun H, Zhang M G, et al., 2022. Fulvic Acid Fertilizer Improves Garlic Yield and Soil Nutrient Status [J]. Gesunde Pflanzen, 74(3): 685-693. ·

Zhang P, Zhang H, Wu G, et al., 2021. Dose-Dependent Application of Straw-Derived Fulvic Acid on Yield and Quality of Tomato Plants Grown in a Greenhouse [J]. Frontiers in Plant Science, 12.